# BEI GRIN MACHT SICH IHR WISSEN BEZAHLT

- Wir veröffentlichen Ihre Hausarbeit, Bachelor- und Masterarbeit

- Ihr eigenes eBook und Buch - weltweit in allen wichtigen Shops

- Verdienen Sie an jedem Verkauf

## Jetzt bei www.GRIN.com hochladen und kostenlos publizieren

Alexander Aust

# Politik und Wirtschaft in Venezuela

GRIN Verlag

**Bibliografische Information der Deutschen Nationalbibliothek:**

Die Deutsche Bibliothek verzeichnet diese Publikation in der Deutschen National-
bibliografie; detaillierte bibliografische Daten sind im Internet über http://dnb.d-
nb.de/ abrufbar.

**Impressum:**

Copyright © 2008 GRIN Verlag GmbH
Druck und Bindung: Books on Demand GmbH, Norderstedt Germany
ISBN: 978-3-640-33505-3

**Dieses Buch bei GRIN:**

http://www.grin.com/de/e-book/127122/politik-und-wirtschaft-in-venezuela

RWTH Aachen
- Geographisches Institut -
Wirtschaft und Entwicklung Lateinamerikas
SS 2008

# Politik und Wirtschaft in Venezuela

Alexander Aust

# Inhaltsverzeichnis

# Abkürzungsverzeichnis

AD = Acción Democratica

BIP = Bruttoinlandsprodukt

COPEI = Comité de Organización Politica Electroal Independiente

IWF = Internationaler Währungsfonds

MVR = Movimiento to Quinta Republica

NE- Metalle = Nicht Eisen Metalle

PDVSA = Petroleos de Venezuela S.A.

URD = Union Republicana Democrátcia

4

# Abbildungsverzeichnis

# 1   Einleitung

Die vorliegende Ausarbeitung thematisiert die Politik und Wirtschaftsstrukturen in Venezuela, und setzt dabei einen Schwerpunkt auf das politische Handeln und die wirtschaftliche Entwicklung des Landes unter der politischen Führung von Hugo Chávez. Im Jahr 1999 wurde Chávez ins Präsidentenamt gewählt und nach inzwischen drei Wiederwahlen, bis zum Jahr 2012 mit der politischen Führung des Landes beauftragt.

Um die gegenwärtigen politischen und wirtschaftlichen Entwicklungen in Venezuela besser einordnen zu können, ist es wichtig die zurückliegende Politik und die daraus hervorgegangenen sozioökonomischen Rahmenbedingungen im Zeitraum von 1958 bis zu Chávez Amtsantritt darzustellen. Denn der von Chávez eingeleitete radikale Politikumbruch ist keineswegs ursächlich nur aus auf seine Person und die ihm umlagerte bolivarianische Bewegung zurückzuführen. Vielmehr ist die polarisierende politische Wende die durch Chávez vollzogen worden ist, dass Ergebnis „einer fatalen vierzigjährigen Entwicklung, in deren Verlauf Venezuela in ethnischer, ökonomischer, sozialer und politischer Hinsicht zunehmend an Substanz verloren hat, und den Nährboden für eine Gesellschaft ermöglichte die von einer extremen Einteilung in Arm und Reich sowie einem Machtverlust der Politik"[1] geprägt war.

Daher werden im Folgenden die politischen Entwicklungen vor der politischen Ära von Chávez chronologische dargestellt, um den Bogen zur Beschreibung und Analyse der aktuellen Politik in Venezuela spannen zu können. Daran anknüpfend werden die wichtigsten Wirtschaftsindikatoren und Wirtschaftsstrukturen des Landes beschrieben und kritisch bewertet. Hierbei wird der Frage nachgegangen warum das rohstoffreiche Venezuela (vor allem fossile Brennstoffe) trotz der hohen Deviseneinnahmen, wirtschaftliche Probleme wie z.B. eine hohe Arbeitslosigkeit, in deren Folge florierende Schattenwirtschaft entsteht, und mangelnde Konkurrenzfähigkeit in andern Wirtschaftsbranchen zu erleiden hat.

---

[1] Becker, E (2003): Chávez: Ein Einschnitt in die Geschichte Venezuelas. In: KAS - Auslandsinformationen 5/2003, S. 4.

# 2     Politik in Venezuela

Das venezolanische politische System hat 1958 durch den Sturz der militärischen Junta einen Umbruch erfahren, und installierte im Anschluss eine demokratisch legitimierte präsidentielle Demokratie. Dieses politische System, dass unter dem Namen der 4. Republik in die Geschichtsbücher eingegangen ist, wurde bis 1989 von westlichen Staatsakteuren und Medien als Vorzeigedemokratie Lateinamerikas gelobt. „Die Kriterien, die bürgerliche AnalystenInnen gemein hin als Indikatoren für stabile Demokratien festlegen – regelmäßige Wahlen, Möglichkeit des Wechsels der Parteien an der Macht, Respekt gewisser Bürgerrechte usw. – wurden als erfüllt angesehen"[2] und sorgten dafür das Venezuela in diesem Zeitraum politische internationale Anerkennung erntete. Die innenpolitischen Konflikte in Venezuela, die sich vor allem durch den rapiden Anstieg des Wohlstandgefälles verschärften, konterkarierten jedoch im Laufe der Zeit diesen außenpolitischen Status. Volksaufstände und das Erstarken einer sozialistischen Opposition die sich zunächst aus Protest dem demokratischen Wahlprozess entzog, sorgten für eine politische Entwicklung der Unbeständigkeit im Zeitraum von 1989 bis 1998, die mit einer wirtschaftlichen Rezession in Venezuela einherging. In der Folge erlang die sozialistische Bewegung unter der Führung von Hugo Chávez die politische Macht in Venezuela, und leitete die sog. 5 Republik Venezuelas durch die Neuschreibung der venezolanischen Verfassung ein. Neben den politischen Änderungen wird der Beginn einer neuen Ära in Venezuela durch die neue Staatsbezeichnung Venezuelas nach außen getragen: „Jetzt heißt es Bolivarianische Republik Venezuela."[3]

Im Folgenden werden die politischen Entwicklungen seit der Einführung der Demokratie in Venezuela chronologisch aufgearbeitet, und die andauernde politische Entwicklung des Landes unter dem Präsidenten Chávez detaillierter thematisiert.

---

[2] Azzellini, D (2006): Venezuela Bolivariana, Revolution des 21. Jahrhunderts? Köln. S. 16-17.
[3] Becker, E (2003): Chávez: Ein Einschnitt in die Geschichte Venezuelas. In: KAS - Auslandsinformationen 5/2003, S. 19.

## 2.1 Die Politische Entwicklung während dem Puntofijo-Pakt

Die ersten Bestrebungen Demokratisierungsprozesse in Venezuela einzuleiten wurden in den Jahren 1936 und 1945 angestoßen, erlitten aber durch gewaltsame militärische Interventionen seitens der Junta zweimal einen Dämpfer.[4] Die Militärdiktatur unter der Führung von Marcos-Pérez-Jiménez wurde erst im Zuge der „Militärrebellionen und Volksaufstände zwischen dem 1. Januar und dem 23. Januar 1958 beendet."[5] In der Folge organisierten sich der revolutionäre Kader des Militärs mit, den bis dato vom politischen Machtkampf ausgeschlossenen neu gegründeten Parteibewegungen des Landes. Um sich bei den nächsten Wahlen auf einen Präsidenten zu einigen, der eine regierungsfähige Mehrheit hinter sich versammeln konnte, entschieden sich die zwei größten politischen Parteien immer den Präsidentschaftskandidat mit der höchsten Stimmenanzahl zu unterstützen sowie zu wählen. Auf diese Absprache verständigten sich die sozialdemokratische AD und die christdemokratische COPEI, „um die Kommunisten auszuschließen, die Wahlsiege der jeweils anderen Partei zu akzeptieren und soziale Unzufriedenheit im Wechselspiel zwischen Regierung und Opposition zu kanalisieren."[6] Dieses demokratische System beruhte also auf einer festen Koalitionszusage zwischen den zwei größten Parteien vor der Wahl, und wurde als Punto Fjio bezeichnet. Dieser politische Pakt ist nach dem Haus von Rafaél Calderas (damals Parteivorsitzender der COPEI) benannt, „wo nach dem Ende der Diktatur Jiménez die demokratische Erneuerung zwischen Sozialdemokraten und Christdemokraten beschlossen wurde."[7] In den ersten Jahren nach der Militärdiktatur unter Jiménez, zählte zum Punto Fjio auch noch die URD. Letztgenannte, „die Union Republicana Democrátcia, war später nur noch eine kleine Partei und schied 1962 aus

---

[4] Vgl. Zeuske, M (2007): Kleine Geschichte Venezuelas. München. S. 159.
[5] Zeuske, M (2007): Kleine Geschichte Venezuelas. München. S. 159.
[6] Twickel, C (2006): Hugo Chávez – Eine Biographie, 1. Auflage, Nautilus Verlag, Hamburg. S. 28.
[7] Lingenthal, M (2004): Venezuela, Die so genannte bolivarianische Revolution. In: KAS – Auslandsinformationen 1/2004. S. 64-81. Berlin.

8

der Regierung aus."[8] Den Startschuss des Punto Fijo legte die Amtszeit von Rómulo Betancourt, der durch die ersten demokratischen Wahlen in Venezuela von 1959 bis 1964 die Staatspräsidentschaft übernommen hatte.[9] Rómulo Betancourt war der Präsidentschaftskandidat der AD und trat u.a. gegen Rafaél Calderas von der COPEI an. Calderas bekam insgesamt nur die zweit höchste Stimmenanzahl aber er entschied sich dazu, wie im Punto Fijo beschlossen, den Kandidat der AD anzuerkennen, und seine Partei für die Wahl des politischen Gegners ins Präsidentenamt zu mobilisieren. In Venezuela war (ist) die parlamentarische Zusammensetzung durch viele Parteien geprägt und führt dazu dass die Regierungskoalitionen entweder durch den Zusammenschluss eines großen Parteienpools gebildet werden kann. Diese Zusammensetzung hatte jedoch aufgrund der Vielzahl unterschiedlicher Interessen, den Nachteil das der Zusammenhalt und damit die Beständigkeit einer Regierung und die Politik des Landes fragile Züge annehmen konnte. Eine Alternative zu dieser politischen Zusammensetzung stellte der Punto Fijo dar, der sich durch die Bildung einer großen Koalition eine sichere politische Machtstruktur aufbaute. Ausschlaggebend für die Realisierung des Punto Fijo war die Fähigkeit der Parteien und deren Spitzenpolitikern „auf personalistische und charismatische Weise die Vertreter der << starken Akteure >> Armee, Kirche, Medien, Unternehmer, Arbeiterschaft und Intellektuelle einzubeziehen, pragmatische Wahlformen mit Massenbasis zu schaffen, spektakuläre personenbezogenen Wahlkämpfe ohne Programmatik zu führen und die Mitte der Gesellschaft zu besetzen."[10] Diese Formen der politischen Führung kosteten viel Geld und führten paradoxerweise zu einer politischen Machtverteilung zwischen zwei Parteien in einer Parteienlandschaft die bis heute 200-250 Parteien vorzuweisen hat.[11]

Programmatisch stand in der ersten Legislaturperiode des Punto Fujio unter der politischen Führung von Betancourt die Festigung der politischen Machtverhältnisse im Fokus. Dabei musste zum einen beachtet werden,

---

8 Zeuske, M (2007): Kleine Geschichte Venezuelas. München. S. 160.
[9] Vgl. Muno, W (2005): Öl und Demokratie – Venezuela im 20. Jahrhundert. In: Diehl, O / Muno, W (Hrsg.): Venezuela unter Chávez – Aufbruch oder Niedergang. Frankfurt/Main. S. 15.
[10] Zeuske, M (2007): Kleine Geschichte Venezuelas. München. S. 162.
[11] Vgl. Zeuske, M (2007): Kleine Geschichte Venezuelas. München. S. 163.

9

dass weder die armen noch reichen Bevölkerungsschichten verprellt wurden. Im Bereich der Landwirtschaft sprach die Regierung den einfachen Bauern mehr Besitzrechte gegenüber den Latifundisten zu. So „Erwarb der Staat mit Erdölgeldern große Landflächen und verteilte sie an landlose Bauern"[12]. Da Venezuela zu dieser Zeit noch in vielen Regionen sehr stark landwirtschaftlich geprägt war, konnte die Regierung durch diese Maßnahmen große Teile der unteren Wohlstandsschichten befriedigen. Die klientelisitschen oberen Bevölkerungsschichten wiederum, die unter der Militärdiktatur Wohlstand generierten, wurden durch eine Nichtzerschlagung ihres „sozialen und politischen Status"[13] besänftigt. Sein größter politischer Erfolg war zweifellos die „die formale Verankerung eines funktionierenden Modells einer zivilen, repräsentativen, parlamentarischen, durch Parteien, Konsens und Ausgleich zwischen den Machtgruppen geprägten Demokratie"[14], die starke institutionelle Akteure, wie das Militär, einzubinden verstand.

Der Präsidentschaftsnachfolger von Betancourt wurde 1964 Rafael Leoni, der wie Betancourt Parteimitglied der AD war, und seine Amtszeit dauerte 6 Jahre und endete 1969.[15] In dieser Legislaturperiode wurde der politische Weg von seinem Vorgänger fortgeführt und der verbliebene politische Widerstand in Form von Guerilla- Bewegungen auf dem Land mit aller Härte niedergeschlagen.

Die im Anschluss an Leonis Präsidentschaft im Jahr 1969 durchgeführten Wahlen stellten den Pakt des Punto Fijo das erste Mal auf eine Probe. Mit Rafael Caldera siegte der Kandidat der COPEI mit einem relativen geringen Vorsprung vor dem Kandidaten der AD. Doch der Pakt des Punto Fijo offenbarte seine Stärke da er trotz neuer Mehrheitsverteilung zwischen den beiden großen Parteien eingehalten wurde, und die bisherige Partei (AD) die den Präsidenten gestellt hatte ohne großen Widerstand den Wahlsieger der COPEI ins Präsidentenamt wählte.[16]
Während und nach der ersten Amtszeit von Caldera (1969-1974)

[12] Zeuske, M (2007): Kleine Geschichte Venezuelas. München. S. 164.
[13] Zeuske, M (2007): Kleine Geschichte Venezuelas. München. S. 165.
[14] Zeuske, M (2007): Kleine Geschichte Venezuelas. München. S. 165.
[15] Vgl. Muno, W (2005): Öl und Demokratie – Venezuela im 20. Jahrhundert. In: Diehl, O / Muno, W (Hrsg.): Venezuela unter Chávez – Aufbruch oder Niedergang. Frankfurt/Main. S. 15.
[16] Vgl. Zeuske, M (2007): Kleine Geschichte Venezuelas. München. S. 166.

entwickelte sich in Venezuela eine Phase der politischen Harmonie in der es immer wieder ein reibungsloser Wechsel der Präsidenten der einzelnen Parteien AD und COPEI vollzogen worden ist. In dieser politischen Phase, die sich bis 1989 zog, profitierte die venezolanische Wirtschaft von den beiden Ölkrisen (1973 und 1979), die den Preis des Erdöls rasant haben steigen lassen. Die Hauptdeviseneinnahmen des Landes wurden durch Erdöl gesichert, und die gesteigerten Erlöse die aus dem Preisanstieg je Barrel Erdöl hervorgegangen sind, entwickelte in Venezuela die Vorstellung der hohe Preis für Erdöl und die damit einhergehende Investitionsausgaben und Wohlstandsanreicherungen bleiben stabil. Diese falschen Vorzeichen waren „mit hohen Sozialausgaben und Löhnen, dem Bau neuer Wohnviertel (urbanizaciones) sowie Versuchen, weitere Industrien neben Öl- und Petrochemie- und Schwerindustrie aufzubauen"[17] verbunden. Ebenfalls durchlebte Venezuela eine starke Immigration aus anderen lateinamerikanischen Ländern welche der temporäre Wirtschaftsaufschwung auslöste. Dieser Abschnitt wird in Venezuela als „4,30-Ära"[18] bezeichnet, da die Bevölkerung unter diesem Slogan eine romantische Erinnerung an bessere Zeiten verbindet, in der soziale Spannungen und Armut in ausreichendem Maße durch Investitionsmaßnahmen, die sich aus den Erdöleinnahmen speisten, decken ließen. Die 4,30 stehen dabei für einen fixen Wechselkurs zwischen dem venezolanischen Bolivar und dem US- Dollar.

Da jedoch ein Großteil der zusätzlichen Deviseneinnahmen nicht ausreichend nachhaltig investiert worden ist, die Ausgaben nach dem Prinzip der größten Schadensbegrenzung teilweise willkürlich verteilt wurden, Korruption das Wirtschaftsleben bestimmte und ein Großteil „der Gewinne aus dem Land abflossen, ohne dass das Land zur vereinbarten Hälfte daran beteiligt worden ist"[19], nährte die Vermutung das mit dem Einbrechen der Erdöleinnahmen die politische Legitimierung der regierenden Parteien schwinden würde. Der Rückgang der Erdöleinnahmen zu Beginn der 80er Jahre führte zu einer Schuldenkrise die nicht nur die Wirtschaft sonder auch die Politischen Kader erreichte.

---

[17] Zeuske, M (2007): Kleine Geschichte Venezuelas. München. S. 168.
[18] Zeuske, M (2007): Kleine Geschichte Venezuelas. München. S. 167.
[19] Zeuske, M (2007): Kleine Geschichte Venezuelas. München. S. 167.

11

## 2.2 Politische Legitimationskrise des Puntofijo- Pakt gegen Ende des 20. Jahrhunderts

Der Verfall der Erdölpreise während der 80er Jahre führte dazu, dass die venezolanische Wirtschaft in eine schwerwiegende Rezession gestürzt wurde. Verstärkt wurde diese negative Entwicklung durch den „starken Anstieg der Zinsen auf den internationalen Kreditmärkten, so dass die öffentlichen Unternehmen die Zinsen für ihre kurzfristigen Kredite nicht mehr zahlen konnten und sich Venezuela 1983 zahlungsunfähig erklären musste."[20] Venezuela hatte in den 1970er Jahren im Glauben, der Erdölpreis würde auf dem hohen Niveau bleiben, bei internationalen Finanzinstitutionen hohe Kreditsummen aufgenommen.[21]

In Zahlen ausgedrückt bedeutet dies, dass das Bruttoinlandsprodukt welches im Zeitraum von 1950 bis 1980 noch eine Steigerung von 234 Prozent vorzuweisen hatte[22], in den 1980er Jahren einen kumulativen Rückgang von 31 Prozent verzeichnete (vgl. Abbildung 1). Ebenso musste die venezolanische Währung, die von ihrer Einführung bis zu diesem Zeit-

**Abbildung 1: Rückgang des venezolanischen BIP in den 1980er Jahren.**

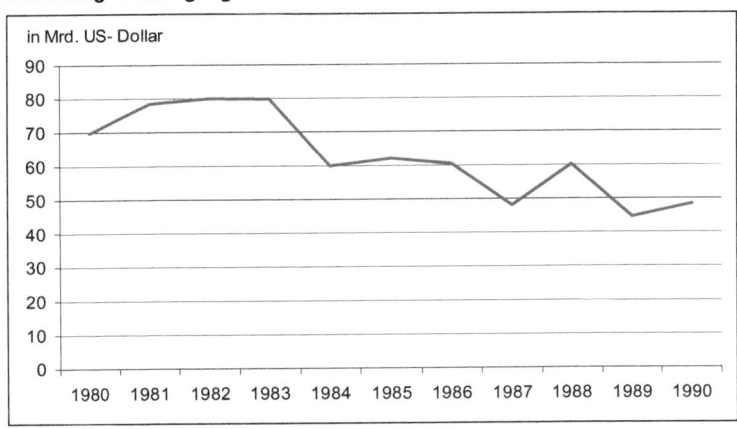

Quelle: Eigene Graphik        Quelle der Grunddaten: International Monetary Fund

---

[20] Muno, W (2005): Öl und Demokratie – Venezuela im 20. Jahrhundert. In: Diehl, O / Muno, W (Hrsg.): Venezuela unter Chávez – Aufbruch oder Niedergang. Frankfurt/Main. S. 17.
[21] Vgl. Azzellini, D (2006): Venezuela Bolivariana, Revolution des 21. Jahrhunderts? Köln. S.18.
[22] Vgl. Zehetmayer, B (2007): Die (latein-)amerikanische Herausforderung – Venezuela und die bolivarianische Revolution. In: Berger, H / Gabriel, L (Hrsg.): Lateinamerika im Aufbruch, Soziale Bewegungen machen Politik. Budapest. S. 162.

12

punkt nur ein einziges Mal moderate Wechselkursanpassungen durchlebt hatte, aufgrund fehlender Alternativen als Reaktion auf die durch die Ölkrise ausgelöste Rezession, den Bolivár einer massiven Abwertung unterziehen. Im Gleichen Atemzug stieg die jährliche Inflation auf Rekordniveaus und erreichte 1989 mit dem astronomischen Wert von 84 Prozent ihren höchsten Stand.[23] Der rasche Anstieg der Inflation führte dazu das die wohlhabenden Bevölkerungsschichten ihre Ersparnisse auf ausländische Banken transferierten so dass „die venezolanischen Privatguthaben im Ausland sich 1984 auf ca. US$ 30 Mrd."[24] beliefen. Begleitet und begünstigt wurden diese Entwicklungen von einer politischen Führung die wirtschaftspolitische Maßnahmen ergriffen hatte, die vor allem die ärmsten Bevölkerungsschichten des Landes in Mitleidenschaft zogen, und einer Wirtschaftspolitik in den 1970er Jahren die sich auf ewig steigende Erdöleinnahmen stützte. Von 1979 bis 1989 stellten jeweils die COPEI mit Jaime Lusinchi (1979-1984) und AD mit Carlos Andrés Pérez (1984-1989) das Amt des Präsidenten.[25] Die von diesen Regierungen verabschiedeten Maßnahmen, um die nicht mehr abwendbare Wirtschaftskrise auf einem überschaubarem Niveau zu halten, stützte sich im Wesentlichen auf eine Öffnung und Liberalisierung der Märkte sowie Privatisierung der staatlichen Industriebeteiligungen. Zu den wichtigsten politischen Weichenstellungen in den 1980er Jahren zählten dabei[26]:

- ➢ IWF- Strukturanpassungsprogramme die Marktliberalisierungen in allen Wirtschaftsbereichen umsetzten.
- ➢ Privatisierung staatlicher Unternehmungen (u.a. Erdölindustrien).
- ➢ Drastische Kürzung der Sozialausgaben.
- ➢ Deregulierung der Finanz- und Arbeitsmärkte.

Dieser Maßnahmenkatalog machte sich insbesondere unter der armen Bevölkerung bemerkbar, die zusätzlich durch die entstandene Massen-

---

[23] Vgl. Zehetmayer, B (2007): Die (latein-)amerikanische Herausforderung – Venezuela und die bolivarianische Revolution. In: Berger, H / Gabriel, L (Hrsg.): Lateinamerika im Aufbruch, Soziale Bewegungen machen Politik. Budapest. S. 162.
[24] Muno, W (2005): Öl und Demokratie – Venezuela im 20. Jahrhundert. In: Diehl, O / Muno, W (Hrsg.): Venezuela unter Chávez – Aufbruch oder Niedergang. Frankfurt/Main. S. 17.
[25] Vgl. Muno, W (2005): Öl und Demokratie – Venezuela im 20. Jahrhundert. In: Diehl, O / Muno, W (Hrsg.): Venezuela unter Chávez – Aufbruch oder Niedergang. Frankfurt/Main. S. 15.
[26] Vgl. Azzellini, D (2006): Venezuela Bolivariana, Revolution des 21. Jahrhunderts? Köln. S.101.

arbeitslosigkeit unterhalb des Existenzminimum leben musste. Im Jahr 1989 – Rezessionstiefpunkt der 1980er Jahre – betrug die „offizielle Arbeitslosigkeit fast zehn Prozent. Das ist in einem Land mit bürokratisch geschaffenen Scheinjobs extrem viel; inoffizielle Zahlen sprechen von 20 Prozent Arbeitslosigkeit und 40 Prozent Unterbeschäftigung Die Einkommen sanken um 11 Prozent und das verfügbare Einkommen um 14 Prozent."[27] Vergleichend bedeutete dies, das „dass durchschnittliche Realeinkommen 1995 einen Stand erreicht hatte, der der Kaufkraft zu Beginn der 1950er Jahre entsprach."[28] Dies führte dazu, dass „Ende der 90er Jahre etwa 80% der Bevölkerung in Armut lebte [...] und von politischer und gesellschaftlicher Partizipation, Bildung und Gesundheitsversorgung und selbst der materiellen Grundversorgung weitgehend ausgeschlossen war."[29]

Diese sozioökonomischen Rahmenbedingungen waren der Auslöser für den größten "Volksaufstand – „El Caracazo"[30] – seit Beendigung der Militärdiktatur. Am 27. Februar 1989 bringt eine Anordnung des damaligen Präsidenten Carlos Andrés Pérez auf Empfehlung des IWF, die „eine Erhöhung des Benzinpreises und der Tarife der öffentlichen Verkehrsmittel"[31] vorsah, die Bevölkerungen in allen großen Städten des Landes eruptionsartig auf die Barrikaden. Allein in der Hauptstadt „ziehen Hunderttausende Menschen aus den an den Hängen Caracas' gelegenen Elendssiedlungen gemeinsam in die Innenstadt."[32] Dieses Szenario vollzog sich sechs Tage lang und wurde neben der durch die Armut ausgelöste Hilflosigkeit insbesondere von wütenden Vorwürfen gegenüber der Regierung getrieben, der immer wieder die gleiche Frage artikulierten: „Wie kann es möglich sein dass in einem Land mit derartigen Erdölvorkommen bis zu 80 Prozent der Bevölkerung in prekärer Armut

---

[27] Zeuske, M (2007): Kleine Geschichte Venezuelas. München. S. 173.
[28] Burchardt, H (2008): Venezuelas neue Antworten auf die soziale Frage: Eine Perspektive für Lateinamerika. In: Lateinamerika Analysen 19, 1/2008, S.37-54. Hamburg. S. 40.
[29] Azzellini, D (2006): Venezuela Bolivariana, Revolution des 21. Jahrhunderts? Köln. S.18.
[30] Vgl. Twickel, C (2006): Hugo Chávez – Eine Biographie, 1. Auflage, Nautilus Verlag, Hamburg. S. 70.
[31] Zehetmayer, B (2007): Die (latein-)amerikanische Herausforderung – Venezuela und die bolivarianische Revolution. In: Berger, H / Gabriel, L (Hrsg.): Lateinamerika im Aufbruch, Soziale Bewegungen machen Politik. Budapest. S. 165.
[32] Azzellini, D (2006): Venezuela Bolivariana, Revolution des 21. Jahrhunderts? Köln. S.17.

14

leben?"[33] Bei dem Volksaufstand kam es zu Plünderungen der Lebensmittelmärkte aber auch zornigen und gewaltsamen Ausschreitungen die ein Klima der Anarchie auslösten. In diesem Klima entschlossen sich dann die Polizeieinheiten, zum Teil aus Solidarität, in den Streik zu treten und nicht weiter die Aufstände zu unterbinden. Als Reaktion darauf griff Pérez zu direkter und offener Repression und entschloss sich „den Notstand auszurufen, Ausgangssperren zu verhängen, das Militär auf die Straßen zu schicken und schließlich den Schussbefehl gegen die Aufständischen zu erteilen. Bei der Unterdrückung der Unruhen „kamen möglicherweise 3000 bis 4000 Menschen ums Leben.[34] Nach offiziellen Angaben wurden 399 Tote anerkannt die „als notwendiger Preis für die Erhaltung der sozialen Ordnung und den Eintritt in die schwierigen Zeiten der Globalisierung"[35] ihr Leben lassen mussten.

Der Caracazo war ein Volksaufstand gegen den neoliberalen politischen Kurs den die Parteien des Punto Fijo eingeschlagen hatten, gegen die massive Verschlechterung der Lebensumstände der Mehrheit der Bevölkerung und leitete damit eine Umwälzung der bisherigen stabilen politischen Parteienlandschaft des Landes ein. Zusätzlich löste der Schussbefehl gegen das eigene Volk innerhalb des Militärs eine Identitätskrise aus und sorgte dafür, dass sich viele hochrangige Offiziere gegen die Politik der Regierung zusammenschlossen und einen künftigen Putsch als adäquates Mittel in Betracht zogen. Zu diesen militärischen Gruppierungen zählt auch der damalige Luftwaffenoffizier Hugo Chávez der im Jahr 1992 bei einem Putschversuch scheiterte, und für ihn persönlich nach einer Begnadigung durch den Präsidenten mit einer zweijährigen Haftstrafe endete. Auch wenn der Putsch scheiterte bewunderte die überwiegende Zahl der Bevölkerung, die Person Hugo Chávez und seine am gleichen Tag vorgeführte politische Führung. In einer live geschalteten Fernsehansprache forderte er die restlichen im Land putschenden Militäreinheiten auf die Waffen niederzulegen,

---

[33] Zehetmayer, B (2007): Die (latein-)amerikanische Herausforderung – Venezuela und die bolivarianische Revolution. In: Berger, H / Gabriel, L (Hrsg.): Lateinamerika im Aufbruch, Soziale Bewegungen machen Politik. Budapest. S. 163.
[34] Zeuske, M (2007): Kleine Geschichte Venezuelas. München. S. 174.
[35] Zeuske, M (2007): Kleine Geschichte Venezuelas. München. S. 174.

übernahm die Verantwortung für den Putsch und schloss seine Rede mit den Worten: Dass man „die Ziele nur vorläufig verfehlt"[36] habe. Vorläufig heißt auf Spanisch *por ahora*, und eben jenes *por ahora* am Ende seiner Rede sollte zum Slogan werden, mit dem die armen Bevölkerungsschichten in Venezuela die Hoffnung auf einen gesellschaftlichen Umschwung verbunden.[37] Es kam während seiner zweiten Haftzeit zu einem zweiten Putsch der u.a. auch die Befreiung Hugo Chávez's aus dem Gefängnis vorsah. Hier wiegelte Chávez jedoch ab und er erkannte, dass für ihn der Weg zur politischen Macht nicht mit Hilfe von militärischer Gewalt geebnet werden sollte. In den venezolanischen Armenvierteln (Barrios) wurde er als Inkarnation für Hoffnung angesehen und nach seiner Freilassung im Jahr 1994 fasste er den Beschluss mit friedlichen demokratischen Methoden seine Revolution, benannt nach Simon Bolivar, voranzutreiben. Mit der Gründung der politischen Partei MBR (Movimiento Bolivariano Revolucionario), die sich aus vielen militärischen Weggefährten und linken sozialistischen Organisationen speiste, wurde der erste formelle Schritt zur sog. Bolivarianischen Revolution vollzogen, die es sich zum Ziel gesetzt hatte, die politische Macht der Volksparteien (AD und COPEI) zu brechen und eine neue Verfassung und sozioökonomische Ordnung in Venezuela zu installieren. Der Weg dorthin war jedoch keineswegs reibungslos, da sich die Partei und auch Hugo Chávez der Frage stellten welcher politische Tradition sich bedient werden sollte, um bei der Bevölkerung nicht den Eindruck zu erwecken ein Teil der verhassten politischen Oberschicht werden zu wollen. Sein politisches Credo fortan diskreditiere die <<vierte Republik>> des Punto Fijo, und Hugo Chávez kündigte an mit seiner demokratischen bolivarianischen Revolution einen radikalen politischen Neuanfang zu starten. Nach seinen Vorstellungen sollte „eine <<fünfte Republik>> das alte Venezuela mit dem populistischen System des Elitenausgleichs in demokratischem Gewand ersetzen."[38]

---

[36] Twickel, C (2006): Hugo Chávez – Eine Biographie, 1. Auflage, Nautilus Verlag, Hamburg. S. 24
[37] Vgl. Twickel, C (2006): Hugo Chávez – Eine Biographie, 1. Auflage, Nautilus Verlag, Hamburg. S. 24
[38] Zeuske, M (2007): Kleine Geschichte Venezuelas. München. S. 179.

16

## 2.3 Venezuela unter der Politischen Führung von Chávez bis heute

Die politische Amtszeit von Hugo Chávez als Präsident in Venezuela wurde mit dem Sieg bei den Präsidentschaftswahlen Ende 1999 eingeleitet.[39] Kurz nach dem Chávez am 2. Februar 1999 das Amt offiziell übernommen hatte leitete er „am 25. Juli des gleichen Jahres [...] die Wahlen zur verfassungsgebenden Versammlung"[40] ein, die den wichtigsten Baustein für eine Re- Institutionalisierung der venezolanischen Republik darstellte. Die neue Verfassung wurde von der Versammlung angenommen, musste aber noch durch einen plebiszitären Volksentscheid bestätigt werden. In jenem Volksentscheid wurde mit einer überwältigen Mehrheit von 80% für eine Verfassungsänderung abgestimmt.[41] Hugo Chávez nutzte dabei die Gunst der Stunde und ließ sich im Zuge seiner ungebrochenen Popularitätswelle in den armen Bevölkerungsschichten auf Basis der neuen Verfassung ein Jahr später erneut durch Neuwahlen zum Präsidenten wählen. Dies hatte den Vorteil dass er seine Amtszeit auf doppelte Art und Weise verlängern konnte. Auf der einen Seite hebelte er so den bevorstehenden zukünftigen Wahltermin im Jahr 2003 aus, und auf der anderen Seite datierte er den zukünftigen Wahltermin um ein weiteres Jahr (2006) nach hinten, da nach der neuen Verfassung der Präsident für eine Dauer von 6 anstatt 5 Jahren im Zuge der Präsidentschaftswahlen bestätigt wird.[42] Diese von Hugo Chávez geführte politische Legislaturperiode wurde im Jahr 2000 bei den Neuwahlen „mit etwa 60% der Stimmen"[43] vom venezolanischen Volk entriert. Venezuela wählte somit nicht nur für einen neuen Präsidenten sondern auch für eine neue Verfassung und Republik. Dabei sorgten zusammenfassend

---

[39] Vgl. Welsch, F / Werz, N (2000): Die venezolanische „Megawahl" vom Juli 2000 und ihre Folgen: Legitimation der Bolivarianischen Republik. In: Brennpunkt Lateinamerika 20/2000. Hamburg. S.205.
[40] Azzellini, D (2006): Venezuela Bolivariana, Revolution des 21. Jahrhunderts? Köln. S.14.
[41] Vgl. Azzellini, D (2006): Venezuela Bolivariana, Revolution des 21. Jahrhunderts? Köln. S.14.
[42] Vgl. Welsch, F / Werz, N (2000): Die venezolanische „Megawahl" vom Juli 2000 und ihre Folgen: Legitimation der Bolivarianischen Republik. In: Brennpunkt Lateinamerika 20/2000. Hamburg. S.206.
[43] Zimmerling, R (2005): Venezolanische Demokratie in den Zeiten von Chávez: „Die Schöne und das Biest." In: Diehl, O / Muno, W (Hrsg.): Venezuela unter Chávez – Aufbruch oder Niedergang. Frankfurt/Main. S.40.

folgende Verfassungsänderungen für die größten Erneuerungen im politischen Systems Venezuela[44]:

> Der aus je zwei Vertretern der Bundesstaaten sowie den ehemaligen Staatspräsidenten zusammengesetzte Senat wurde abgeschafft, und durch ein von 200 auf 165 Sitze verkleinertes Einkammernparlament ersetzt.

> Die Exekutive erhält mehr Rechte gegenüber der Legislative, da viele dem Parlament vorbehaltene Aufgaben (u.a. Rechnungsprüfung, Beförderung der Streitkräfte, Parlamentsauflösung) dem Präsidenten zugeschrieben werden.

> Neben der Exekutive, Legislative und Judikative wurde eine vierte und fünfte Gewalt eingeführt, die vornehmlich die Bürgerrechte und das Mitspracherecht der Bevölkerung erhöhen.

> Eine Verankerung indigener Recht in der Verfassung. Dadurch erkennt der Staat diese Völker und Gemeinschaften förmlich an und sichert ihnen politische, gesellschaftliche, wirtschaftliche und kulturelle Autonomie.

> Verlängerung des Staatspräsidentenmandats um ein weiteres Jahr auf 6 Jahre, und die Aussicht einer sofortigen Wiederwahl. Es besteht aber weiterhin die Möglichkeit einer Abwahl durch eine Volksabstimmung, wenn nach der Hälfte der Amtszeit mehr Stimmen gegen den Präsidenten gesammelt werden, als die Anzahl der Stimmen mit der der Präsident bei den vorangegangen Wahlen gewählt wurde.

Die Verfassungsänderungen bewirkten vor allem, dass sich die politische Macht beim Präsidenten zentralisierte und somit die Handlungsfähigkeit des Präsidenten intensiviert wurde, ohne dass dabei auf demokratische Legitimierung verzichtet wurde, und auch in Zukunft das Volk den Präsidenten aus seinem Amt entheben kann. Des Weiteren trägt Venezuela jetzt den offiziellen Namen: Bolivarianische Republik Venezuela. Hugo Chávez bedient sich dabei bewusst der historischen

---

[44] Vgl. Welsch, F / Werz, N (2000): Die venezolanische „Megawahl" vom Juli 2000 und ihre Folgen: Legitimation der Bolivarianischen Republik. In: Brennpunkt Lateinamerika 20/2000. Hamburg. S.206-210.

Wurzeln des Landes, denn mit dem Nationalheld Simon Bolivar, der im 18. Jahrhundert gegen die Besatzung Südamerikas durch die Spanier in den Krieg zog und für ein vereintes Südamerika eintrat, verbindet die venezolanische Bevölkerung Hoffnung auf Unabhängigkeit und Revolution. Auf die heutige Zeit und die Person Hugo Chávez übertragen sieht vor allem die arme Bevölkerung in Chávez einen Revolutionsführer der Unterschicht, der das Machtgefüge der korrupten, klientelistischen Oberschicht in Venezuela brechen will und für eine soziale Umverteilung der nationalen Reichtümer einsteht. Die damalige Freund-Feindbeziehung zwischen Simon Bolivar und Spanien wurde von Chávez durch seine Person in Form von Simon Bolivar und der Oberschicht in Form von Spanien ausgetauscht und politisch instrumentalisiert. So sorgte er für den starken, Wahl entscheidenden, Zuspruch unter der ärmeren Bevölkerung. Hugo Chávez versucht sich demnach als eine Persönlichkeit zu definieren die dem Volk eine Stimme gibt, für die lateinamerikanischen Werte und Identitäten einsteht und eine verantwortungsbewusste militärische Führung vorweist.[45]

**Abbildung 2: Das Dreieck der bolivarianischen Revolution**

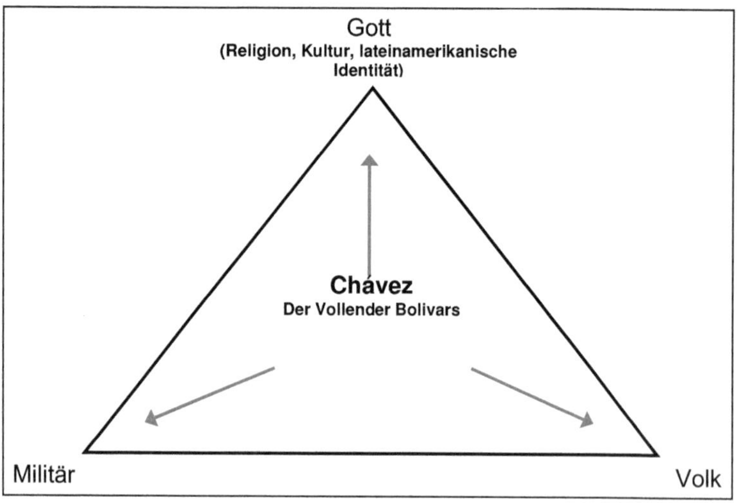

Quelle: Lingenthal, M (2004): Venezuela, Die so genannte bolivarianische Revolution. In: KAS – Auslandsinformationen 1/2004. Berlin. S. 72.

---

[45] Vgl. Abbildung 2

Bei einem Blick auf die innenpolitischen Entwicklungen seit der Amtsübernahme durch Hugo Chávez wird deutlich, dass er einen sozialeren Kurs als die Vorgängerregierungen eingeschlagen hat, und gegen die enorme Wohlstandsdiskrepanz ankämpfen will. Zwar gab es während der ersten zwei Jahre der Chávez-Regierung „für die Armen materiell nicht viele Gründe, weiterhin für Chávez zu sein. Doch eine entscheidende Rolle für die große Unterstützung des Bolivarianischen Prozesses spielte das Gefühl der Armen und Marginalisierten, als Person anerkannt zu werden"[46] und dadurch ein Teil der venezolanischen Gesellschaft zu sein. So sorgte Hugo Chávez im sozialpolitischen Bereich eher für symbolträchtige Gesten, wie z.B. dem Plan Bolivar zu dem die Armee für die Arbeit bei sozialen Infrastrukturmaßnahmen herangezogen wurde.[47] Hingegen konnte mit dem Anstieg des Ölpreises ab dem Jahr 2004 durch die gestiegenen Deviseneinnahmen, der innenpolitische Spielraum im Bereich der Armutsbekämpfung vergrößert werden. Hierbei sind die Kernelemente der Armutsbekämpfung einzelne Aktionsprogramme die direkt vom Präsidenten beschlossen und als <<misiones>> bezeichnet werden. Ihre wichtigsten Tätigkeitsfelder umfassen: „Alphabetisierung, Abiturkurse, Vorstudium, Landverteilung, Arbeitsbeschaffung, Ausstellung von Ausweisen jenseits der Meldeämter, Ladenketten zum Vertrieb subventionierter Lebensmittel, ärztliche Betreuung in Armenvierteln und die Eingliederung indigener Völker."[48] Dadurch ist es in den Barridos (Armenvierteln) zu beachtlichen Verbesserungen der Gesundheits- und Lebensmittelversorgung gekommen, aber das Problem des großen Wohlstandsgefälles konnte Chávez nur eindämmen und nicht beseitigen. Ebenso sorgt die dauerhaft hohe Inflation in Venezuela dafür, dass ein „nicht unbedeutender Teil der Einkommenszuwächse vor allem der ärmeren Bevölkerungsschichten zunichte"[49] gemacht wurde.

---

[46] Azzellini, D (2006): Venezuela Bolivariana, Revolution des 21. Jahrhunderts? Köln. S.26
[47] Vgl. Burchardt, H (2008): Venezuelas neue Antworten auf die soziale Frage: Eine Perspektive für Lateinamerika. In: Lateinamerika Analysen 19, 1/2008. Hamburg. S. 44.
[48] Dargatz, A (2005): Wohin steuert Venezuela? Zur Politik des Präsidenten Hugo Chávez. In: Friedrich Ebert Stiftung (Hrsg.): Kurzberichte aus der internationalen Entwicklungszusammenarbeit. Berlin. S.4.
[49] Mähler, A (2008): Venezuela nach dem Verfassungsreferendum vom 2. Dezember 2007. In: Lateinamerika Analysen 19, 1/2008, S. 177-187. Hamburg.

Die venezolanische Außenpolitik unter der laufenden politischen Verantwortung von Hugo Chávez hat einen radikalen Umbruch erfahren. Während sich früher ein Großteil der außenpolitischen Handlungen außerhalb der globalen Wahrnehmung im Stillen abspielte, ist die Außenpolitik heute „Teil der spektakulären Politikinszenierung des Regimes, in deren Mittelpunkt die Person des Präsidenten steht.[50] Dabei findet die bolivarianische Revolution, die Hugo Chávez als Ideologie für seinen innenpolitischen Machterhalt propagiert, auch in der Außenpolitik ihre Anwendung. Den südamerikanischen Integrationsprozess möchte Chávez nicht nur auf die ökonomische Perspektive beschränken, sondern seinen Vorstellungen nach ist „eine große Konföderation der mestizischen Nationen"[51] in Südamerika realisierbar. Aus diesem Grund lehnt Chávez auch den von den USA propagierten Integrationsvorschlag der FTAA (Free Trade Area of the Americas) bis heute strikt ab. Zusätzlich hat sich Hugo Chávez mit seinem rhetorischen Dauerfeuer auf die USA und den Kapitalismus eingeschossen. Chávez lässt keine Gelegenheit ungenutzt die USA als den Verbreiter des Kapitalismus anzuprangern, den er „als teuflisch, als Weg in die Hölle beschreibt."[52] Diese Rolle untermauert er mit den zahlreichen provokativen Auslandsreisen zu den Staaten, gegen die seitens der USA politische und wirtschaftliche Sanktionen verhängt worden sind. Dabei ist diese außenpolitische Darstellung bei genauerer Betrachtung höchst ambivalent, denn die USA stellen den mit Abstand größten Handelspartner (ca. 50% der Exporte gehen in die USA) Venezuelas und die Abhängigkeit von den US-Amerikanischen Deviseneinnahmen beschränken somit seinen Handlungsspielraum auf bloße rhetorische Kritik. Bei einem Blick unter die Oberfläche wird also deutlich, dass „das Land trotz aller sozialistischen Einheitsrhetorik mit dem Kapitalismus und Wettbewerb nicht grundsätzlich gebrochen hat."[53]

[50] Boeckh, A (2005): Die Außenpolitik Venezuelas: Von einer „Chaosmacht" zur regionalen Mittelmacht und zurück. In: Diehl, O / Muno, W (Hrsg.): Venezuela unter Chávez – Aufbruch oder Niedergang. Frankfurt/Main. S. 92.
[51] Boeckh, A (2005): Die Außenpolitik Venezuelas: Von einer „Chaosmacht" zur regionalen Mittelmacht und zurück. In: Diehl, O / Muno, W (Hrsg.): Venezuela unter Chávez – Aufbruch oder Niedergang. Frankfurt/Main. S. 93.
[52] Welsch, F (2006): Chávez' Wahlsieg: Ein Mandat für die sozialistische Revolution? In: Focus Lateinamerika 12, 2006. Hamburg. S.7
[53] Rieck, C (2007): Der Messias vom Orinoko. In: Lateinamerika Analysen 17, 2/2007, Hamburg. S. 206

# 3 Wirtschaftsstrukturen in Venezuela zu Beginn des 21. Jahrhunderts

Die Wirtschaftsstruktur in Venezuela weißt eine ausgeprägte Monostrukturierung auf. In Venezuela betrug der Produktionsanteil von Produkten die aus der Energiewirtschaft (vor allem Erdöl) stammen, am gesamten venezolanischen BIP im Jahr 2005 ca. 36 Prozent.[54] Durch diesen Umstand steigt und fällt der gesamtvolkswirtschaftliche Wohlstand mit der Nachfrage und den Preisentwicklungen auf den internationalen Energiemärkten, und es entsteht eine ausgeprägte Abhängigkeitsbeziehung. Da jedoch der enorme Anstieg des Rohölpreises in den vergangenen Jahren das BIP und die Deviseneinnahmen des Landes stark steigen lassen haben, öffnet sich Venezuela die Chance dieses Kapital sinnvoll in eine zukünftig diversifiziertere Wirtschaftsstruktur zu investieren, damit in kommenden Generationen die Abhängigkeitsbeziehung im Idealfall nicht mehr zu spüren ist. Neben der Energiewirtschaft verfügt das Land über metallverarbeitende- und chemische Industriezweige die durch neue Investitionsprogramme zusätzlichen wirtschaftlichen Output und neue Arbeitsplätze generieren sollen. Die folgenden Seiten thematisieren tiefgehend die Struktur der venezolanischen Energiewirtschaft und beschreiben die sonstigen wirtschaftlichen Sektoren die in Venezuela von Bedeutung sind. Dabei werden die Entwicklungsperspektiven, vor denen die einzelnen Wirtschaftssektoren stehen, aufgezeigt.

---

[54] Vgl. Da Costa, M / Olivo, V (2008): Constraints on the Design and Implementation of Monetary Policy in Oil Economies: The Case of Venezuela. In: IMF (Hrsg.): IMF Working Paper, WP/08/142. S. 16.

22

## 3.1 Wirtschaftsindikatoren in Venezuela auf ein Blick

Durch die Abhängigkeit der venezolanischen Wirtschaft von den Erdöleinnahmen spiegeln sich die Preis- und Nachfrageschwankungen für den Barrel Erdöl in der Entwicklung der venezolanischen Exporte radikal wieder. Es ist deutlich zu erkennen, dass der Preisanstieg für Rohöl zu Beginn des Jahres 2004 einen sehr positiven Effekt auf den Wert der Exporte einnimmt.[55] Im Jahr 2007 betrug der Anteil, der Erlöse die aus dem Erdölgeschäft hervorgingen, am Export mit 90% den Löwenanteil.[56] Auf den ersten Blick ist dies eine erfreuliche Entwicklung, birgt aber die Gefahr einer überbewerteten Währung, hoher Inflationsraten und der Schwächung der Binnenwirtschaft. Diese Phänomen wird als Holländische Krankheit bezeichnet und stellt Venezuela seit je her vor große volkswirtschaftliche Herausforderungen. Die hohen Erdöleinnahmen ermöglichen es den Wechselkurs künstlich stabil zu halten, während Importprodukte zugleich billiger werden als Produkte aus nationaler Produktion. Perspektivisch gesehen wird es daher sehr schwer für Venez-

**Abbildung 3: Entwicklung der venezolanischen Exporte**

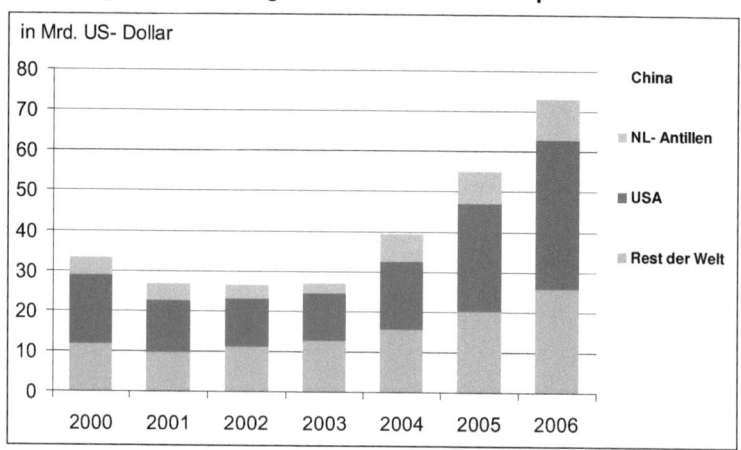

Quelle: Eigene Graphik          Quelle der Grunddaten: International Monetary Fund

---

[55] Vgl. Abbildung 3: Entwicklung der venezolanischen Exporte
[56] Vgl. Buerstedde, P (2008): Konsum in Venezuela stagniert auf hohem Niveau. In: Bundesagentur für Außenwirtschaft (Hrsg.): Länder und Märkte. Köln. S.5.

uela die Wirtschaftsbereiche zu stärken, die aktuell durch hohe Importe abgedeckt werden. Offen bleibt die Frage ob es Venezuela schaffen wird „Importe in Schlüsselsektoren wie Landwirtschaft, Textilien oder gewisser Industrieprodukte auf kurz bis mittlere Sicht durch Landeserzeugnisse zu ersetzen."[57] Aktuell sind die Deviseneinnahmen für Venezuela Fluch und Segen zugleich, und es bleibt abzuwarten ob die gesamte Wirtschaft in Venezuela von den Erdöleinnahmen profitieren wird.

Die Überbewertung des venezolanischen Bolivars führt neben der Schwächung der Konkurrenzfähigkeit der Binnenwirtschaft, zusätzlich zu einem starken Anstieg der Inflation. In Venezuela sind daher die jährlichen Inflationsraten in der Regel im zweistelligen Bereich.[58] Diese hohen Inflationsraten führen dazu, dass ein Großteil der durch das Wirtschaftswachstum eingefahrenen Wohlstandszuwächse und Kapitalakkumulationen im Inland, nach eine Bereinigung wesentlich niedriger ausfallen. Betroffen sind davon in erster Linie die ärmeren Bevölkerungsschichten, die nicht in der Lage sind ihre Ersparnisse in ausländische Vermögensanlagen zu investieren um den Wertverfall entgegenzutreten.

**Abbildung 4: Jährliche Inflation in Venezuela**

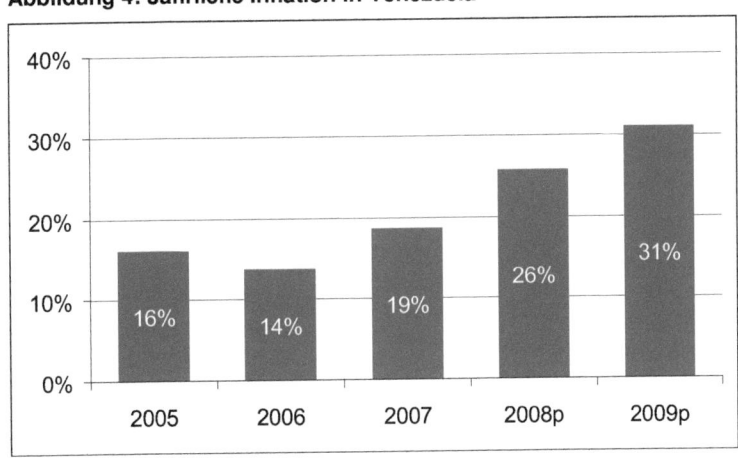

Quelle: Eigene Graphik     Quelle der Grunddaten: Bundsagentur für Außenwirtschaft

---

[57] Azzellini, D (2006): Venezuela Bolivariana, Revolution des 21. Jahrhunderts? Köln. S. 116
[58] Vgl. Abbildung 4: Jährliche Inflation in Venezuela

## 3.2 Energiewirtschaft als wichtigster Wirtschaftszweig in Venezuela

Der Staat Venezuela verfügt über große fossile Brennstoffreserven die in hohem Umfang exportiert werden können, ohne dass die inländische Nachfrage beeinflusst wird. Der inländische Konsum von Erdöl wird hauptsächlich durch die KFZ- Spritnachfrage in Anspruch genommen da die erforderlichen Stromproduktionskapazitäten zu ca. 65% durch Wasserkraft gedeckt werden können.[59] Neben Steinkohle haben vor allem die Erdgas und Erdölvorkommen des Landes einen beträchtlichen Umfang. Die Erdgasreserven belaufen sich auf 5.150 Milliarden Kubikmeter und können bei aktueller Produktionskapazität, Venezuelas Binnennachfrage sowie dessen Exportquote für weitere 181 Jahre bedienen.[60] Verglichen dazu reichen die Erdölreserven bei aktueller Produktionskapazität nur für einen künftigen Zeitraum von 83 Jahren, aber dabei werden die Schwerölvorkommen im Orinocgürtel nicht berücksichtigt. Diese durch eine aufwendigere Fördertechnik erschließbaren Erdölquellen sind jedoch in Zeiten hoher Erdölpreise wirtschaftlich geworden. Aus diesem Grund „ist Venezuela dabei, die im Orinocobecken vorhandenen Schwerölreserven von internationalen Energiebehörden als Ölreserven anerkennen zu lassen."[61] Sollte dies gelingen, würden sich die zertifizierten Erdölreserven des Landes die sich bislang auf 87 Milliarden Barrel belaufen[62], um zusätzliche 236

**Abbildung 5: Fossile Brennstoffreserven in Venezuela**

|  | Reserven | Produktion (2007) | Produktionsjahre verbleibend |
|---|---|---|---|
| Erdöl (in Mrd.Barrel) | 87 | 0,953745 | 83 |
| Erdgas (in Mrd. m³) | 5.150 | 28,5 | 181 |

Quelle: Eigene Graphik      Quelle der Grunddaten: British Petroleum

---

[59] Vgl. Verbeek, J (2007): Venezuela 2006. In: Bundesagentur für Außenwirtschaft (Hrsg.): Energiewirtschaft. Köln. S.1.
[60] Vgl. Abbildung 5: Fossile Brennstoffreserven in Venzuela
[61] Azzellini, D (2006): Venezuela Bolivariana, Revolution des 21. Jahrhunderts? Köln. S. 103.
[62] Vgl. Abbildung 5: Fossile Brennstoffreserven in Venezuela

Milliarden Barrel erweitern, und die verbleibenden Produktionsjahre würden sich auf insgesamt 340 Jahre vergrößern.[63] Die räumliche Verteilung der Vorkommen von Erdöl- und Erdgas verteilen sich schwerpunktmäßig in Venezuela auf drei große Landschaftsgürtel[64]:

> Das Maracaibobecken im Westen in dem die erste Erdölförderung in Venezuela im Jahr 1917 begann.

> Die Offshore- Gebiete im Schelfbereich an der karibischen Küste.

> Das Orinocobecken in dem sich auch die angesprochenen Schwerölvorkommen befinden, deren Zertifizierung noch aussteht.

**Abbildung 6: Räumliche Verteilung der Erdöl- Erdgasvorkommen**

Quelle: Eigene Graphik

---

[63] Vgl. Leidel, Stefan b (2006): Erölboom- zwischen Wunsch und Wirklichkeit. Abrufbar unter: http://www.dw-world.de/dw/article/0,2144,2246712,00.html am: 17.10.07
[64] Vgl. Pachner, H (2002): Die Erdölwirtschaft in Venezuela. In: Geographische Rundschau, 2002/11. Tübingen. S. 62.

Seit dem Amtsantritt von Chávez wird die Förderung in Venezuela immer stärker durch den Staatskonzern PDVSA (Pétroleos de Venezuela S.A.) dominiert. Zugleich wurden Schritte seitens der Regierung eingeleitet die eine staatliche Kontrolle über PDVSA herstellen soll. Im Jahr 2006 betrug der Anteil der venezolanischen Erdölproduktion, die von PDVSA durchgeführt worden ist, rund 60%.[65] Die anderen 40% der Erdölproduktion wurden zu je 20 % von „venezolanisch-ausländischen Servicepartnerschaften [...] von ausländischen Gesellschaften"[66] getragen. Neue gesetzliche Vorlagen sehen jedoch vor das die venezolanisch-ausländischen Servicegesellschaften in so genannte gemischte Gesellschaften mit PDVSA als Mehrheitsgesellschafter umgewandelt werden, und die ausländischen Unternehmen werden dazu gezwungen „Joint Ventures mit dem Staatskonzern PDVSA"[67] zu bilden der dann jeweils mindestens 60% der Anteile an dem Joint Venture hält. In der Folge ziehen sich „Konzerne wie ConocoPhillips und Exxon aus Venezuela zurück, und um von staatlich kontrollierten Ölregionen unabhängiger zu werden, engagieren sich vor allem die USA in Afrika."[68] In Venezuela wird also zukünftig annähernd die vollständige Erdölproduktion über den staatlich gelenkten Konzern PDVSA abgewickelt. PDVSA ist in Südamerika das größte Unternehmen und erwirtschaftete im Jahr 2006 einen Umsatz von 102 Mrd. US- Dollar mit einem Beschäftigungsstock von 49.180 Mitarbeitern.[69] Der Konzern fördert mittlerweile längst nicht mehr nur Öl und Gas, sondern stellt mit seinen sieben Tochtergesellschaften Schuhe her, engagiert sich in der Landwirtschaft (Rinderzucht, Sojaanbau) und baut Schiffe.[70] PDVSA kann jedoch seine erwirtschafteten Gewinne nicht nach den Regeln der Marktwirtschaft nutzen, und investiert diese nicht, z.B. durch den Ausbau

---

[65] Vgl. Verbeek, J (2007): Venezuela 2006. In: Bundesagentur für Außenwirtschaft (Hrsg.): Energiewirtschaft. Köln. S.3.
[66] Verbeek, J (2007): Venezuela 2006. In: Bundesagentur für Außenwirtschaft (Hrsg.): Energiewirtschaft. Köln. S.3.
[67] Brückner, M (2007): Sprudelnde Reserven. In: Börsen Zeitung / Sonderbeilag: Energie & Umwelt, Ausgabe 163 vom 25.08.2007, Seite B5.
[68] Brückner, M (2007): Sprudelnde Reserven. In: Börsen Zeitung / Sonderbeilag: Energie & Umwelt, Ausgabe 163 vom 25.08.2007, Seite B5.
[69] Vgl. Busch, Alexander (2007): Lateinamerikanische Unternehmen- Im Rohstoffrausch. In: Handelsblatt, 2007/178. S. 21.
[70] Vgl. Busch, Alexander (2007): Lateinamerikanische Unternehmen- Im Rohstoffrausch. In: Handelsblatt, 2007/178. S. 20.

27

neuer Produktionskapazitäten, in die zukünftige Wettbewerbsfähigkeit. Ein Großteil der Gewinne werden vom Staat abgezweigt und für soziale Programme der Regierung Chávez eingesetzt. Im Jahr 2006 „zweigte Hugo Chávez 13 Milliarden Dollar für soziale Projekte ab. Für Investitionen blieben nur vier Milliarden Dollar.[71] Dies führt auf der einen Seite dazu, dass erstmalig in der Geschichte Venezuelas die armen Bevölkerungsschichten am Erdölreichtum durch diese staatlich gelenkte Umverteilung partizipieren, aber auf der anderen Seite fehlt es an Investitionen in die Infrastruktur zur Erdölförderung des Landes. Der Politologe Friedrich Welsch von der Simon-Bolivar-Universität in Caracas umschreibt diesen ironische Zustand mit den Worten: „PDVSA baut Straßen, Schulen und Krankenhäuser, kümmert sich um Denkmalschutz, fördert Kunst, Kultur und Wissenschaft. Doch das Kerngeschäft des Unternehmens wird vernachlässigt."[72] Dieser Sachverhalt bestätigt sich auch bei einem Blick auf die Erdölproduktion in Venezuela unter der Regentschaft von Hugo Chávez. Seither ist die jährliche Produktion von Erdöl in Venezuela weniger geworden.[73] Das rapide Abstürzen der

**Abbildung 7: Erdölproduktion in Venezuela stagniert**

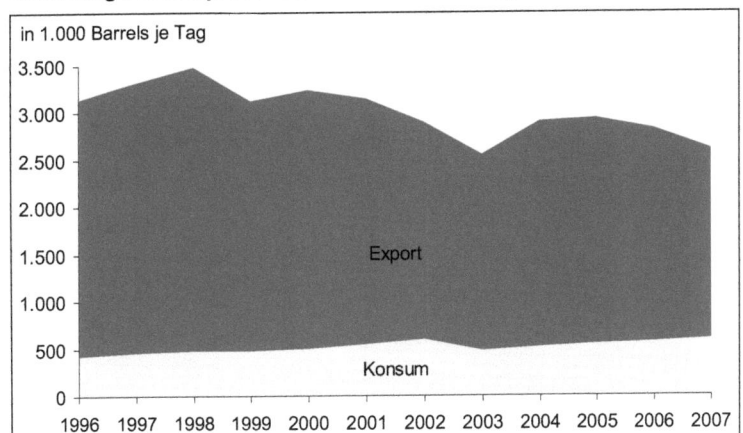

Quelle: Eigene Graphik                Quelle der Grunddaten: British Petroleum

---

[71] Vgl. Busch, Alexander (2007): Lateinamerikanische Unternehmen- Im Rohstoffrausch. In: Handelsblatt, 2007/178. S. 20.
[72] Leidel, Stefan b (2006): Erölboom- zwischen Wunsch und Wirklichkeit. Abrufbar unter: http://www.dw-world.de/dw/article/0,2144,2246712,00.html am: 17.10.07
[73] Vgl. Abbildung 7: Erdölproduktion in Venezuela stagniert.

28

Produktionsraten in den Jahren 2002 und 2003 geht dabei auf einen im Dezember 2002 begonnen Generalstreik, „der die fünfte Republik ökonomisch in die Knie zwingen sollte"[74] zurück. Der Streik wurde von Chávez mit einer Massenentlassung von 18.000 PDVSA Mitarbeitern beantwortet, und führte dazu, dass sich das Unternehmen bis heute nicht erholt hat. Im Zentrum der Massenentlassung stand vor allem hochqualifiziertes Personal, und viele der Spezialisten (Ingenieure, Geologen, Techniker, Finanzspezialisten) „mussten Venezuela verlassen, da sie von den ausländischen Firmen im Land nicht eingestellt werden durften."[75] Trotz des Verlustes von Humankapital und einer stetig fallenden Erdölproduktion hat Venezuela die Absicht geäußert „im Rahmen des strategischen Plans Siembra Petrolera (Erdölsaat) [...] seine Produktion bis 2012 auf 5,8 Millionen Barrels per Day zu steigern. Dafür will die staatliche Erdölgesellschaft insgesamt 70 Mrd. US-Dollar investieren."[76] Größter Abnehmer des venezolanischen Erdöls sind die USA, die zwei Drittel der Exporte auffangen und damit den wichtigsten Absatzmarkt des venezolanischen Erdöls ausmachen. Des Weiteren besitzt PDVSA „das US- Unternehmen Citgo, mit Sitz in Houston, das unter anderem neun Raffinerien, sowie Pipelines, Ölterminals und ein bedeutendes Tankstellennetz von ca. 15.000 Tankstellen in den USA betreibt."[77] Aus diesen beiden Gründen wird die starke wirtschaftliche Verzahnung zwischen Venezuela und den USA, trotz der antiamerikanischen Rhetorik von Hugo Chávez, weiterhin Bestand haben. Neben dem US- Absatzmarkt könnte sich allerdings ein zweites großes Abnehmerland venezolanischen Öls herauskristallisieren. So wird die angesprochene geplante Verdopplung der Erölproduktion vor allem mit dem Blick nach China vorangetrieben. „Chinesische Ölfirmen haben inzwischen Lizenzen für die Ausbeutung mehrerer Ölfelder erworben."[78]

---

[74] Burchardt, H (2005): Das soziale Elend des Hugo Chávez: Die Wirtschafts- und Sozialpolitik der Fünften Republik In: Diehl, O / Muno, W (Hrsg.): Venezuela unter Chávez – Aufbruch oder Niedergang. Frankfurt/Main. S.113.
[75] Leidel, Stefan b (2006): Erölboom- zwischen Wunsch und Wirklichkeit. Abrufbar unter: http://www.dw-world.de/dw/article/0,2144,2246712,00.html am: 17.10.07
[76] Verbeek, J (2007): Venezuela 2006. In: Bundesagentur für Außenwirtschaft (Hrsg.): Energiewirtschaft. Köln. S.5.
[77] Verbeek, J (2007): Venezuela 2006. In: Bundesagentur für Außenwirtschaft (Hrsg.): Energiewirtschaft. Köln. S.8.
[78] Kleinig, J (2007): China und Lateinamerika – Eine neue transpazifische Partnerschaft? In: KAS (Hrsg.): Länderbericht. Berlin. S.6.

## 3.3 Notwendige Diversifizierung der venezolanischen Wirtschaft

Die Wirtschaftsstruktur in Venezuela ist aufgrund des hohen Anteils der Energieexporte am volkswirtschaftlichen Wohlstand eindimensional ausgerichtet, und hat in der Folge mit den Nachteilen die sich daraus ergeben zu kämpfen. Venezuelas Konjunktur ist erheblich von den Verhältnissen auf den internationalen Erdölmärkten abhängig. Auch wenn die Verhältnisse, in den Zeiten hoher Ölpreise, Devisen und Kapital ins Land spülen, hat dies negative Folgen. Zum einen werden dadurch keine neuen Arbeitsplätze geschaffen, und des Weiteren werden Importe begünstigt die der venezolanischen Binnenwirtschaft Probleme bereiten. Das Problem der Arbeitslosigkeit in Venezuela offenbart sich an der Charakteristik, dass eine sehr überschaubare Anzahl von Arbeitskräften (0,6 %) für einen verhältnismäßig hohen Anteil an der Brutto-wertschöpfung (21,7 %) verantwortlich ist.[79] Dadurch müssen sich viele Venezolaner ungeachtet der hohen Deviseneinkünfte im Erdölsektor, in anderen Bereichen nach einem Arbeitsplatz umsehen . Im Wirtschafts-

**Abbildung 8: Bedeutung der venezolanischen Wirtschaftssektoren**

| 2005 in % | Anteil am BIP | Anteil an den Beschäftigten |
|---|---|---|
| Erdölsektor | 36,7 | 0,6 |
| Verarbeitendes Gewerbe | 17,2 | 11,6 |
| Bergbau | 0,6 | 2 |
| Baugewerbe | 5,7 | 8,1 |
| Handel | 10,2 | 24,3 |
| Verkehr, Logistik, Kommunikation | 6,8 | 8,1 |
| Finanzen, Versicherungen | 2,8 | 4,8 |
| Sonstige Dienstleistungen | 14,7 | 29,8 |
| Landwirtschaft | 5,3 | 10,7 |

Quelle: Eigene Grafik
Quelle der Grunddaten: Banco Central de Venezuela

---

[79] Vgl. Abbildung 8: Bedeutung der venezolanischen Wirtschaftssektoren

Bereich des verarbeitenden Gewerbes zeigt sich die Problematik der Importsubventionierung. Im Bereich der KFZ- Montage, den Eisen- und Stahlherstellern oder der Produktion von NE- Metallen wird bei der Zusammensetzung der Wertschöpfung deutlich, „dass diese Branchen beträchtlich von der Zulieferung von Halbzeugen, Rohstoffen usw. abhängig sind und in vielen Fällen beinhaltet dies insbesondere den Kauf von Importprodukten."[80]

Die Herausforderung für Venezuelas Wirtschaft besteht folglich darin, die inländischen Zulieferer soweit staatlich zu unterstützen bis sie mit den Importprodukten qualitativ und preislich gleichgezogen haben. Diese Maßnahmen begünstigen die Schaffung von mehr Arbeitsplätzen, und zusätzlich würde die starke Rolle des informellen Sektors (Schattenwirtschaft), der „gut 52 % der Beschäftigten"[81] beträgt, konterkariert.

[80] Ellermann, S (2006): Wirtschaftsstruktur und Chancen – Venezuela. In: Bundesagentur für Außenwirtschaft (Hrsg.): Länder und Märkte. Köln. S.2.
[81] Ellermann, S (2006): Wirtschaftsstruktur und Chancen – Venezuela. In: Bundesagentur für Außenwirtschaft (Hrsg.): Länder und Märkte. Köln. S.2.

# Resümee

Zusammenfassend bleibt festzuhalten, dass die sich venzolanische Politik in der demokratischen Republik ab dem Jahr 1958, durch die beiden großen Volksparteien (CPOEI und AD) und den vereinbarten Punto Fijo Pakt gegenseitig konsolidiert hat, ohne dabei auf die Bedürfnisse der stetig wachsenden Armut im Land Rücksicht zu nehmen. Dieser Umstand führte zu einem radikalen Politwechsel, an deren Ende der Staat Venezuela seine Verfassung neu geschrieben hat, und seit 1999 von dem umstrittenen sozialistisch denkenden Präsidenten Hugo Chávez regiert wird. Die Befürchtung, dass die durch ihn gestartete bolivarianische Revolution für andere Länder in Lateinamerika eine exportfähige Alternative darstellt, muss relativiert betrachtet werden, da seine sozialistische Politik wesentlich auf dem Konzept der ölrentenfinanzierten Entwicklung aufbaut.

Sein sozialer Kurs führt in Venezuela dazu, dass die armen Bevölkerungsschichten durch staatlich gelenkte Umverteilung über mehr Einkommen verfügen, aber diese Einkommenszuwächse gehen ausschließlich auf staatlich gesteuerte Sozialhilfe-Maßnahmen zurück. Daraus lässt sich ableiten, dass die geschaffenen Wohlstandszuwächse nicht nachhaltig sind, da diese Sozialhilfe- Maßnahmen von den hohen Deviseneinkünften, die die venezolanische Wirtschaft durch den Export von fossilen Energieträgern erwirtschaftet, abhängen. Diese mono-strukturierte Wirtschaft birgt folglich die Gefahr, dass das schwankende Nachfrageverhalten auf den internationalen Energiemärkten die Deviseneinkünfte und die daraus entstehende Größenordnung der Sozialhilfe- Maßnahmen bestimmen. Um sich aus dieser Abhängigkeit zu befreien, ist es notwendig anhand gezielter staatlicher Förderung in andere Wirtschaftssektoren zu investieren, um diese international wettbewerbsfähig zu machen und damit langfristige Arbeitsplätze zu schaffen die wiederum der glacierenden Armut entgegenwirken. Die Chancen zur Umsetzung dieser Strategie sind in Venezuela nicht aussichtslos, da die erwarteten Mehreinkünfte in den nächsten Jahren, durch den Export von Erdöl, eine finanzielle Basis dafür schaffen.

# Literaturverzeichnis

**Azzellini, D (2006):** Venezuela Bolivariana, Revolution des 21. Jahrhunderts? Köln.

**Banco Central de Venezuela (Hrsg.) (2008):** abrufbar unter: http://www.bcv.org.ve/c1/publicanueva.asp. am: 18.7.2008.

**Becker, E (2003):** Chávez: Ein Einschnitt in die Geschichte Venezuelas. In: KAS - Auslandsinformationen 5/2003. S.4-28. Berlin.

**Boeckh, A (2005):** Die Außenpolitik Venezuelas: Von einer „Chaosmacht" zur regionalen Mittelmacht und zurück. In: Diehl, O / Muno, W (Hrsg.): Venezuela unter Chávez – Aufbruch oder Niedergang. Frankfurt/Main. S. 85-97.

**British Petroleum (Hrsg.) (2008):** Statistical Review of World Energy 2008. London.

**Brückner, M (2007):** Sprudelnde Reserven. In: Börsen Zeitung / Sonderbeilag: Energie & Umwelt, Ausgabe 163 vom 25.08.2007, Seite B5.

**Buerstedde, P (2008):** Konsum in Venezuela stagniert auf hohem Niveau. In: Bundesagentur für Außenwirtschaft (Hrsg.): Länder und Märkte. Köln.

**Burchardt, H (2008):** Venezuelas neue Antworten auf die soziale Frage: Eine Perspektive für Lateinamerika. In: Lateinamerika Analysen 19, 1/2008, S.37-54. Hamburg.

**Burchardt, H (2005):** Das soziale Elend des Hugo Chávez: Die Wirtschafts- und Sozialpolitik der Fünften Republik In: Diehl, O / Muno, W (Hrsg.): Venezuela unter Chávez – Aufbruch oder Niedergang. Frankfurt/Main. S.99-124.

**Busch, Alexander** (2007): Lateinamerikanische Unternehmen- Im Rohstoffrausch. In: Handelsblatt, 2007/178.

**Da Costa, M / Olivo, V (2008)**: Constraints on the Design and Implementation of Monetary Policy in Oil Economies: The Case of Venezuela. In: IMF (Hrsg.): IMF Working Paper, WP/08/142.

**Dargatz, A (2005)**: Wohin steuert Venezuela? Zur Politik des Präsidenten Hugo Chávez. In: Friedrich Ebert Stiftung (Hrsg.): Kurzberichte aus der internationalen Entwicklungszusammenarbeit. Berlin.

**Ellermann, S (2006)**: Wirtschaftsstruktur und Chancen – Venezuela. In: Bundesagentur für Außenwirtschaft (Hrsg.): Länder und Märkte. Köln.

**International Monetary Fund (2008)**: Abrufbar unter: http://www.imf.org /external/pubs/ft/weo/2008/01/weodata/weoselgr.aspx (13. Juli 2008)

**Kleinig, J (2007)**: China und Lateinamerika – Eine neue transpazifische Partnerschaft? In: KAS (Hrsg.): Länderbericht. Berlin.

**Leidel, Stefan b (2006)**: Erölboom- zwischen Wunsch und Wirklichkeit. Abrufbar unter: http://www.dw-world.de/dw/article/0,2144,2246712,00.html am: 17.10.07

**Lingenthal, M (2004)**: Venezuela, Die so genannte bolivarianische Revolution. In: KAS – Auslandsinformationen 1/2004. S. 64-81. Berlin.

**Mähler, A (2008)**: Venezuela nach dem Verfassungsreferendum vom 2. Dezember 2007. In: Lateinamerika Analysen 19, 1/2008, S. 177-187. Hamburg.

**Muno, W (2005)**: Öl und Demokratie – Venezuela im 20. Jahrhundert. In: Diehl, O / Muno, W (Hrsg.): Venezuela unter Chávez – Aufbruch oder Niedergang. Frankfurt/Main. S. 11-35.

**Pachner, H (2002)**: Die Erdölwirtschaft in Venezuela. In: Geographische Rundschau, 2002/11. S.58-64. Tübingen.

**Rieck, C (2007)**: Der Messias vom Orinoko. In: Lateinamerika Analysen 17, 2/2007, S.199-213. Hamburg.

**Verbeek, J (2007)**: Venezuela 2006. In: Bundesagentur für Außenwirtschaft (Hrsg.): Energiewirtschaft. Köln.

**Welsch, F (2006)**: Chávez' Wahlsieg: Ein Mandat für die sozialistische Revolution? In: Focus Lateinamerika 12, 2006. Hamburg.

**Welsch, F / Werz, N (2000)**: Die venezolanische „Megawahl" vom Juli 2000 und ihre Folgen: Legitimation der Bolivarianischen Republik. In: Brennpunkt Lateinamerika 20/2000. Hamburg. S.205-215.

**Twickel, C (2006)**: Hugo Chávez – Eine Biographie, 1. Auflage, Nautilus Verlag, Hamburg.

**Zehetmayer, B (2007)**: Die (latein-)amerikanische Herausforderung – Venezuela und die bolivarianische Revolution. In: Berger, H / Gabriel, L (Hrsg.): Lateinamerika im Aufbruch, Soziale Bewegungen machen Politik. Budapest.

**Zeuske, M (2007)**: Kleine Geschichte Venezuelas. Beck'sche Reihe. München.

**Zimmerling, R (2005)**: Venezolanische Demokratie in den Zeiten von Chávez: „Die Schöne und das Biest?" In: Diehl, O / Muno, W (Hrsg.): Venezuela unter Chávez – Aufbruch oder Niedergang. Frankfurt/Main. S. 35-55.